思維遊戲大挑戰

密室逃脫遊戲

1 瘋狂黑客

黑米‧皮耶 及 梅蘭妮‧維衛斯　著　　[illegible]托　圖

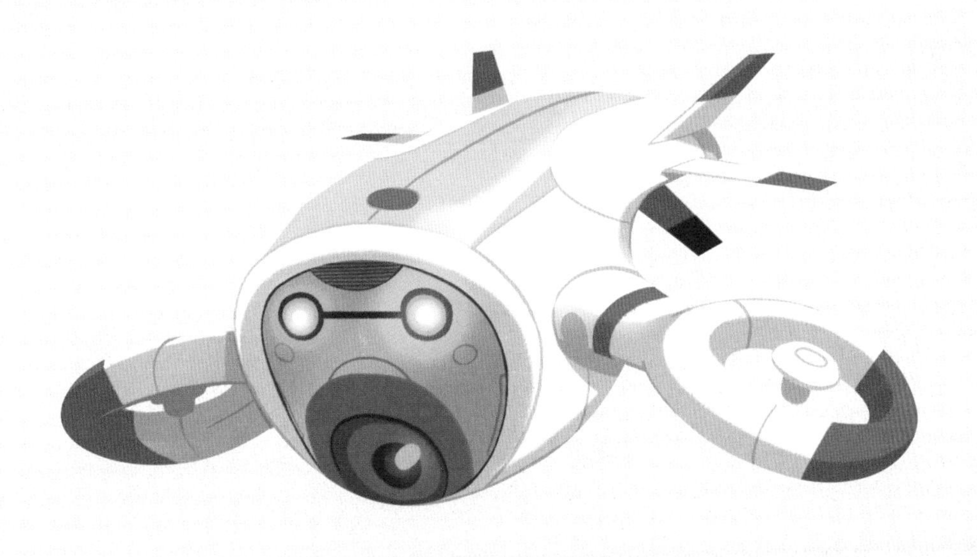

新雅文化事業有限公司
www.sunya.com.hk

思維遊戲大挑戰
密室逃脫遊戲 1 瘋狂黑客

作　　者：黑米．皮耶(Rémi Prieur) 及 梅蘭妮．維衛斯(Mélanie Vives)
繪　　圖：艾．君托 (El Gunto)
翻　　譯：吳定禧
責任編輯：黃花窗
美術設計：蔡學彰
出　　版：新雅文化事業有限公司
香港英皇道499號北角工業大廈18樓
電話：(852) 2138 7998
傳真：(852) 2597 4003
網址：http://www.sunya.com.hk
電郵：marketing@sunya.com.hk
發　　行：香港聯合書刊物流有限公司
香港新界大埔汀麗路36號
中華商務印刷大廈3字樓
電話：(852) 2150 2100
傳真：(852) 2407 3062
電郵：info@suplogistics.com.hk
印　　刷：中華商務彩色印刷有限公司
香港新界大埔汀麗路36號
版　　次：二〇一九年七月初版

ISBN：978-962-08-7311-9
Original title：Escape Game Junior Le Hacker Fou

18/F, North Point Industrial Building, 499 King's Road, Hong Kong
Published and printed in Hong Kong

什麼是密室逃脱遊戲？

小朋友，你大概有聽説過密室逃脱遊戲（Escape Game）吧？這是一種體驗式的「逃生遊戲」，讓你扮演各種各樣的角色，例如：搶劫銀行的匪徒、調查神秘失蹤案的偵探、拯救世界的秘密特工等等。密室逃脱遊戲的宗旨很簡單：你和你的團隊被鎖在一間密室中，你們的目標是通過搜索房間、解決謎題，最後啟動逃生機關，然而這一切必須在限時內完成。

密室逃脱遊戲是一款適合所有人的益智遊戲，參加者並不需要任何特定的知識，只需要好好運用邏輯思維和團隊合作精神，就能破解謎題。然而，觀察、合作和溝通往往是成功的關鍵。

密室逃脱遊戲首次發行於2005年， 當時是一款電腦遊戲。玩家化身遊戲角色跌入陷阱，被困在密室之中，然後一步一步找出隱藏的物品，解開鎖上的家具、盒子等，直到打開逃生大門。

2007年，密室逃脱遊戲在日本首次推出實體式，讓參加者進入精心布置的密室，親身體驗解謎、逃生所帶來的緊張刺激和滿足感。2013年，實體式的密室逃脱遊戲登陸香港，並提供不同的密室主題，有關於歷史的、神話的、宗教的……時至今日，更發展出專門為兒童而設的密室逃脱遊戲呢！

當然，你手上這本紙本式的密室逃脱遊戲也非常有挑戰性，快翻到下頁，準備接受挑戰吧！

輪到你啦！

片刻之後，你將會體驗紙本式的密室逃脫遊戲，嘗試解決一連串的謎題。開始之前，請記着以下規則：

計時方法

遊戲的目標是在最短時間內完成你的任務。請選擇難度級別：

60分鐘 **新手限時60分鐘**：這是你第一次玩密室逃脫遊戲。

45分鐘 **一般限時45分鐘**：你已玩過一次實體式或紙本式的密室逃脫遊戲。

30分鐘 **專家限時30分鐘**：你已多次成功破解密室逃脫遊戲！

請在翻到下一頁後開始計時。當然，你也可以選擇不限時間，輕鬆玩一玩。

温馨提示

- 在開始解謎前，請備妥逃生者的基本工具：鉛筆和橡皮！
- 別猶豫！直接在這本書上書寫、塗畫、畫線或者圈起任何線索，這會對你很有幫助！

非一般的閱讀體驗

本書頁碼分成4種顏色：藍色頁碼是遊戲介紹的部分、綠色頁碼是密室逃脫遊戲的部分、橙色頁碼是提示的部分、紫色頁碼是答案的部分。

有別於其他書，這本書並不是順序閱讀的。只有通過仔細觀察和解決謎題，你才能找到繼續冒險的頁數。因此，請不要隨意翻到下一頁，你必須停留在一頁上，直到找出通往下一頁的答案。

部分頁面有摺角，這表示你有權閱讀另一頁。當左下角有摺角時，你可翻閱上一頁；當右下角有摺角時，你可翻閱下一頁。

檢查答案

每當你認為已經找到謎題的答案時，請翻至第44頁查看「核對答案表格」。如果答對了，就能從表格中確定下一個謎題的頁碼；否則就要返回原來的頁碼，繼續努力解謎了。

機械人多多的工具箱

機械人多多是你的忠實伙伴，隨時為你提供幫助。在任務開始之前，它更準備了一些工具幫助你解決某些謎題。快到第45至48頁把它們剪下來吧！

需要幫助嗎？

在冒險的過程中，你就是遊戲大師。如果你覺得自己陷入困境，你可以向機械人多多索取提示（橙色頁碼的第32至36頁），或取得完整的答案（紫色頁碼的第38至43頁）。與密室逃脫遊戲的部分不同，提示和答案部分是依照頁數的順序來排列的。每道謎題有多個提示，例如：當你被困在第26頁時，你可參閱此頁的第一項提示，再嘗試解題；如果還是不行，可參閱第二項提示，如此類推。

千萬不要對索取提示感得尷尬：記住它們是遊戲設計的一部分，正如在實體式的密室逃脫遊戲中需要打電話獲取提示一樣。

這本書中：

歡迎你！

你是Y時空組織特種部隊的成員之一，你是部隊中處理風險任務的專家。在任何時候，Y時空組織都有可能召喚你，並派你到不同的時空執行任務。你有機會被委派去阻止1917年敵人的暴力襲擊，重新逮捕1954年越獄的逃犯，甚至是收回史前時期的魔法護身符！總之，Y時空組織需要你的幫助！

Y時空組織從來不會派你單獨執行任務：忠實的機械人多多會常伴你左右。全靠多多和它的時空之門，你才可以踏上時光之旅。不過，每次你都必須儘快完成任務，因為多多無法維持時空之門太久。

今次，Y時空組織將派你到2394年執行任務。在那個時代有個叫史尼夫的瘋狂黑客，他計劃用強大的電腦病毒癱瘓全世界的電腦……電腦病毒正在擴散，很快一切將為時已晚！你必須入侵史尼夫的電腦系統，找出電腦病毒的源頭並將之摧毀，然後在他意識到你的存在之前逃離他的科學大樓。

時間無多，快點執行任務吧！

你知道嗎？

黑客行為或黑客攻擊泛指黑客進行的活動。黑客是指一些資訊科技專家透過軟件或網站的漏洞，暗中進行一些活動，從而達至某種目的，例如：獲取機密的資料或製造電腦故障。然而，並非所有黑客行為都是懷有不良意圖。在這次任務中，你的目標是入侵瘋狂黑客的電腦系統，而且是為了一個正當理由：阻止電腦病毒癱瘓全世界的電腦！

機械人多多啟動時空之門，把你送到史尼夫的科學大樓外。大樓的大門顯然是關閉的，由一部電子指紋識別器控制開關。你仔細觀察識別器，注意到它保留了最近一次使用的指紋紀錄。這正好！多多從它的數據庫中，載入了今天在這附近上班的人們的指紋。其中一個指紋必然跟識別器的指紋紀錄吻合，那你可以由此進入科學大樓了！

請放上你的食指

數據庫中的哪個指紋跟識別器上的是相同的呢？你看到每個指紋都有一個數字嗎？快翻到對應的頁數繼續任務。

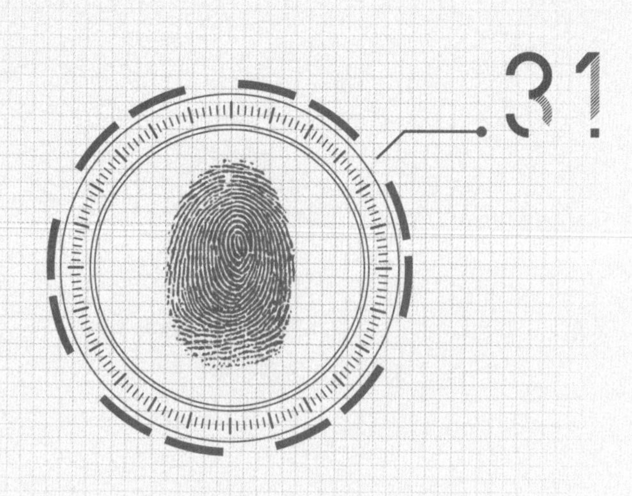

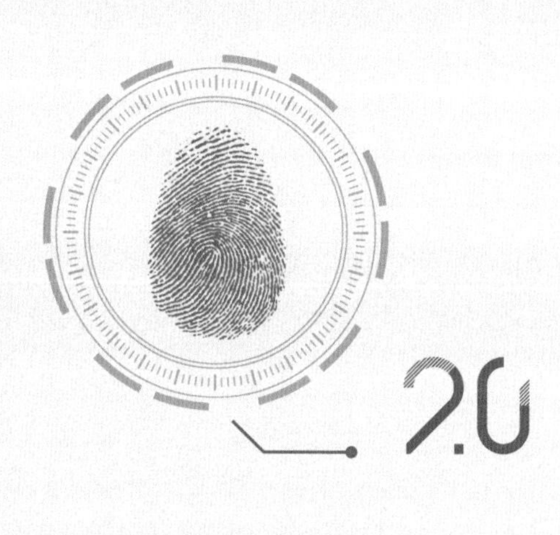

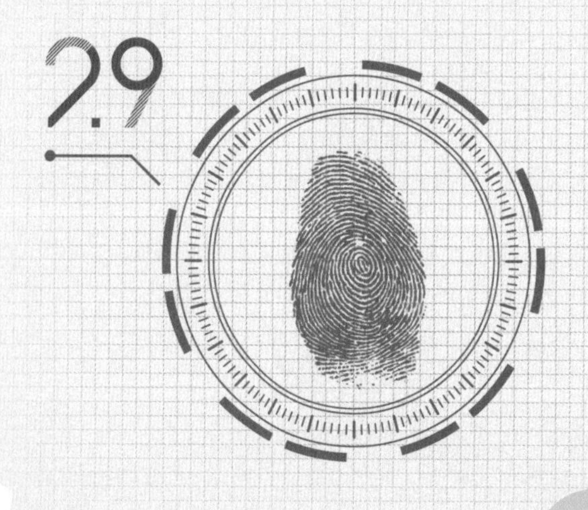

你知道嗎？

即使是同卵雙胞胎的**指紋**也是不同的！每個人的指紋都是獨一無二的，這令指紋成為法醫鑑別嫌疑犯最常用的工具。在以前，有些藝術家會用指紋在他們的作品上簽名！指紋也被廣泛用於保障物品和房屋的安全。指紋的研究被稱為指紋鑑定法。

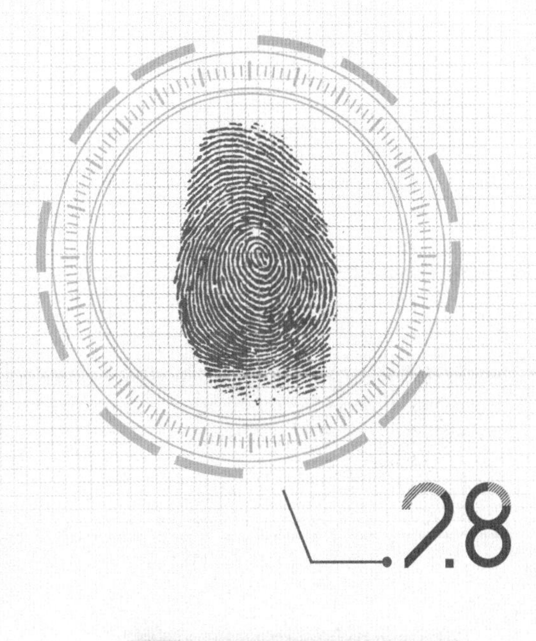

你的答案：

你成功逃出了星星隔艙，太棒了！你現在到了史尼夫儲存電腦病毒房間的大門外，但房間受一道保險門保護……

突然，一個奇怪的科學家出現。你差點來不及躲藏！她轉動門上的三個旋鈕，進入房間幾分鐘後離開，並重置旋鈕。多多錄下了旋鈕轉動時發出的聲響。由此，你應該能夠推斷出三位數字的密碼，然後把保險門打開！

你的答案：

A
B
C

你成功來到史尼夫的工作室。這裏到處都是失靈的無人機殘骸。但是……其中一個會發出聲音！它看起來仍能運作，即使它的狀態很糟糕。你向它靠近，它看起來並沒有傷害你的意圖，説着一種你和多多都不能理解的語言。

P DHZ IYVRLU. ZUHYM HIHUKVULK TL. AV YLWHPY TL, AHRL AOL MVBYAO ZJYLDKYPCLY MYVT AOL YPNOA.

你的答案：

....

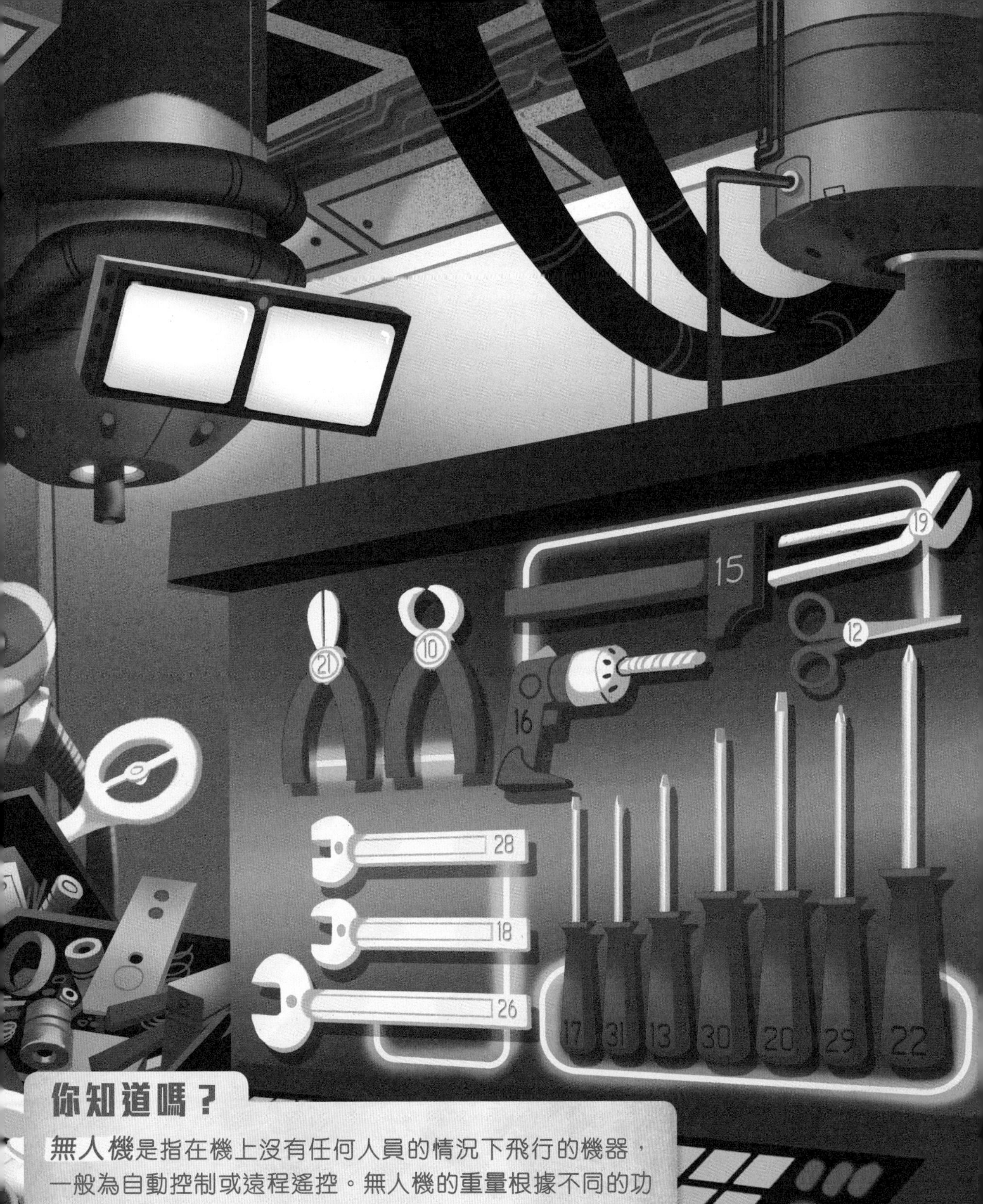

你知道嗎？

無人機是指在機上沒有任何人員的情況下飛行的機器，一般為自動控制或遠程遙控。無人機的重量根據不同的功能會有很大差異，從幾克到幾噸不等。最初，無人機僅用於軍事方面，例如執行一些偵察任務。近年來，無人機的體積變得越來越小，而且可供大眾使用，讓人們可遙控它們從高空拍攝照片或視頻，或純粹為了娛樂。

你剛才輸入了正確的密碼，成功中斷電腦病毒擴散的過程。你已清除了病毒！你現在必須儘快離開大樓。你打開了房間裏的電錶箱。最後你要做的是切斷一根電線，從而解鎖大廈內所有大門。為了成功逃生，你要仔細閱讀多多找到的操作指引。

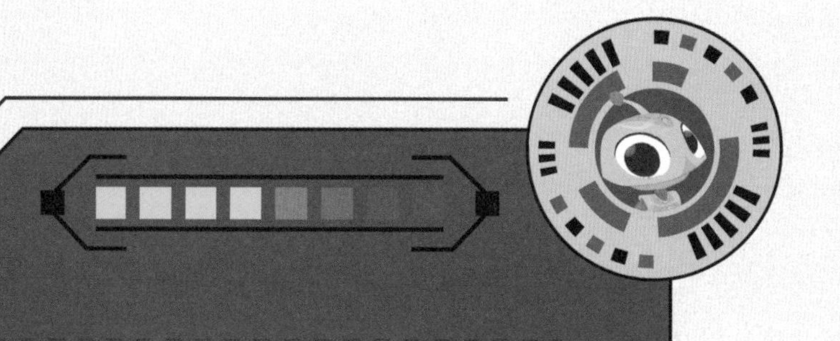

操作指引

緊急程序

第一步：找出集合十條電線的處理器。

第二步：解鎖大樓內所有大門的指示。

某些控制裝置的編碼以字母D至K結尾，這些裝置連接的電線不可切斷。

某些電線由綠色變成黃色，這些電線不可切斷。除非它由黃色再變成藍色，則可被切斷。

切勿切斷黃色且長度超過8 ZIGOTRON的電線。

你的答案：

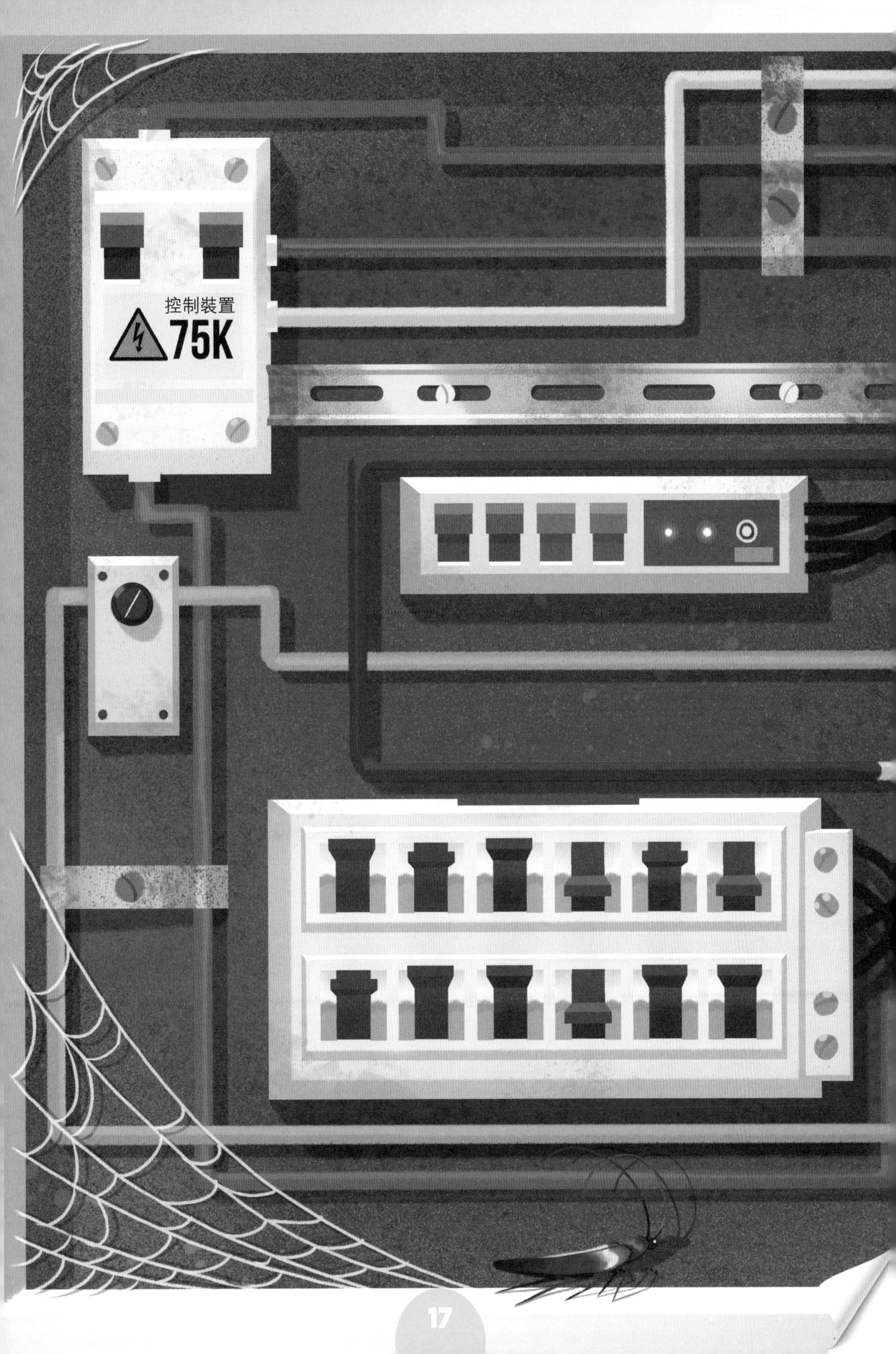
控制裝置
75K

控制裝置
21Q

控制裝置
22 D

011
031
013
010
015
027
022
024
012
029

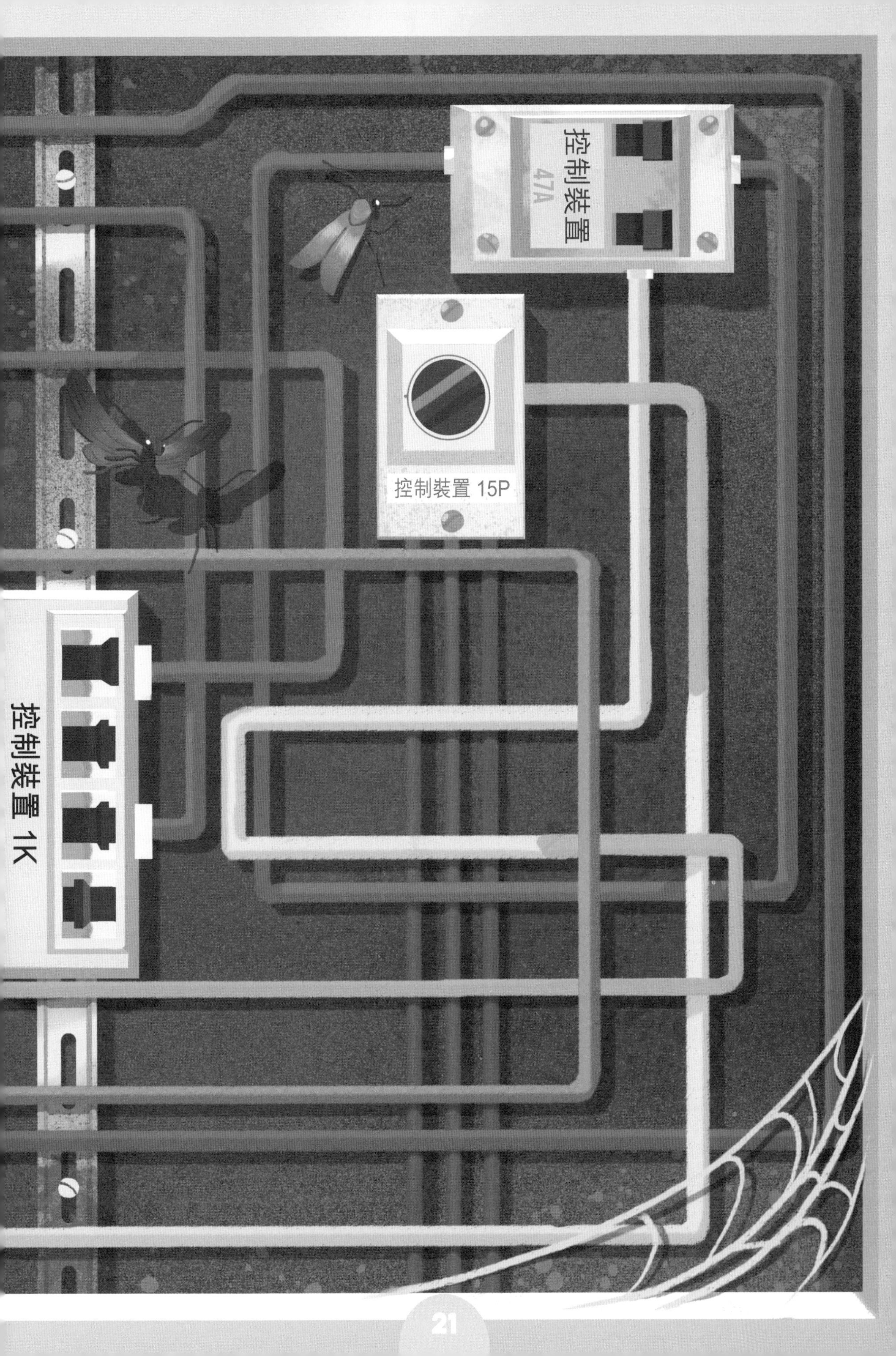
控制裝置
47A
控制裝置 15P
控制裝置 1K

你現正在史尼夫稱之為「星星隔艙」的房間。一個令人頭暈目眩的迷幻之地……在這些視錯覺的影響下，你的頭部開始左右搖擺。在遠處，你看見出口的大門，但它被一把三位數字的密碼鎖關上了。你必須找出密碼！

恭喜你任務完成！你成功在史尼夫注意到你之前逃出科學大樓。你清除了這位瘋狂黑客的電腦病毒，阻止了一場全球網絡攻擊，避免可能帶來的嚴重後果。

多多為你感到非常驕傲，你走向它。你的機械人立即用時空之門帶你返回現實世界。是時候回家了，回到現在！當然你不會逗留很久。因為多多預先告訴你：一場新的冒險正等待着你……

史尼夫的科學大樓非常龐大，而且錯綜複雜，有如巨型迷宮般。全面搜索大樓未免耗費太多時間了……你看到閉路電視的屏幕上顯示着奇怪的符號：它們可能會為你指示出通往正確門口的方向。不過，你要小心不要觸碰到激光束，否則會觸發警報！

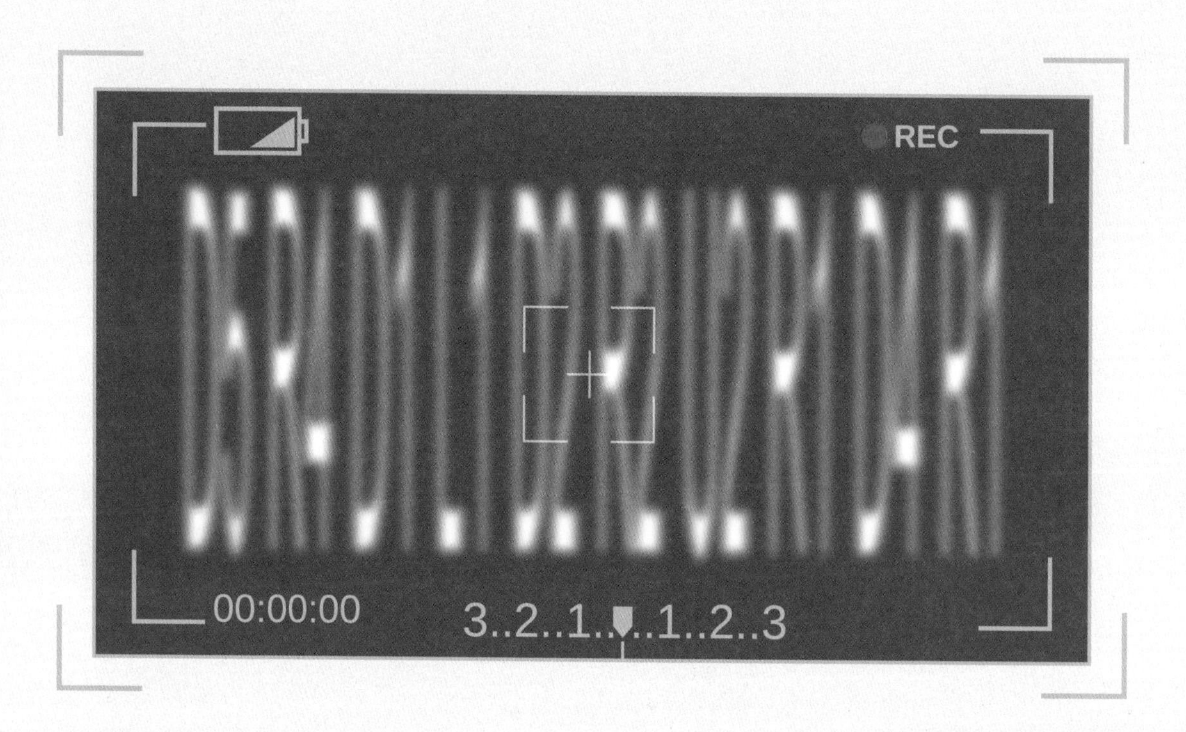

你知道嗎？

激光束是一種高度集中的光線，因此它非常強大。經過了十多年的實驗，激光束於1960年面世。時至今日，激光束的應用非常普遍：它能用於讀取DVD光碟、掃描超市的商品，還可以用作鑽孔、切割和焊接……當然，這些光束都擁有不同的強度！切勿將激光束的射線對準眼睛，因為一次意外接觸足以對眼睛造成傷害。

你找到三個數字了嗎？請按順序記下來，它會給你下一個任務的頁數！

你的答案：

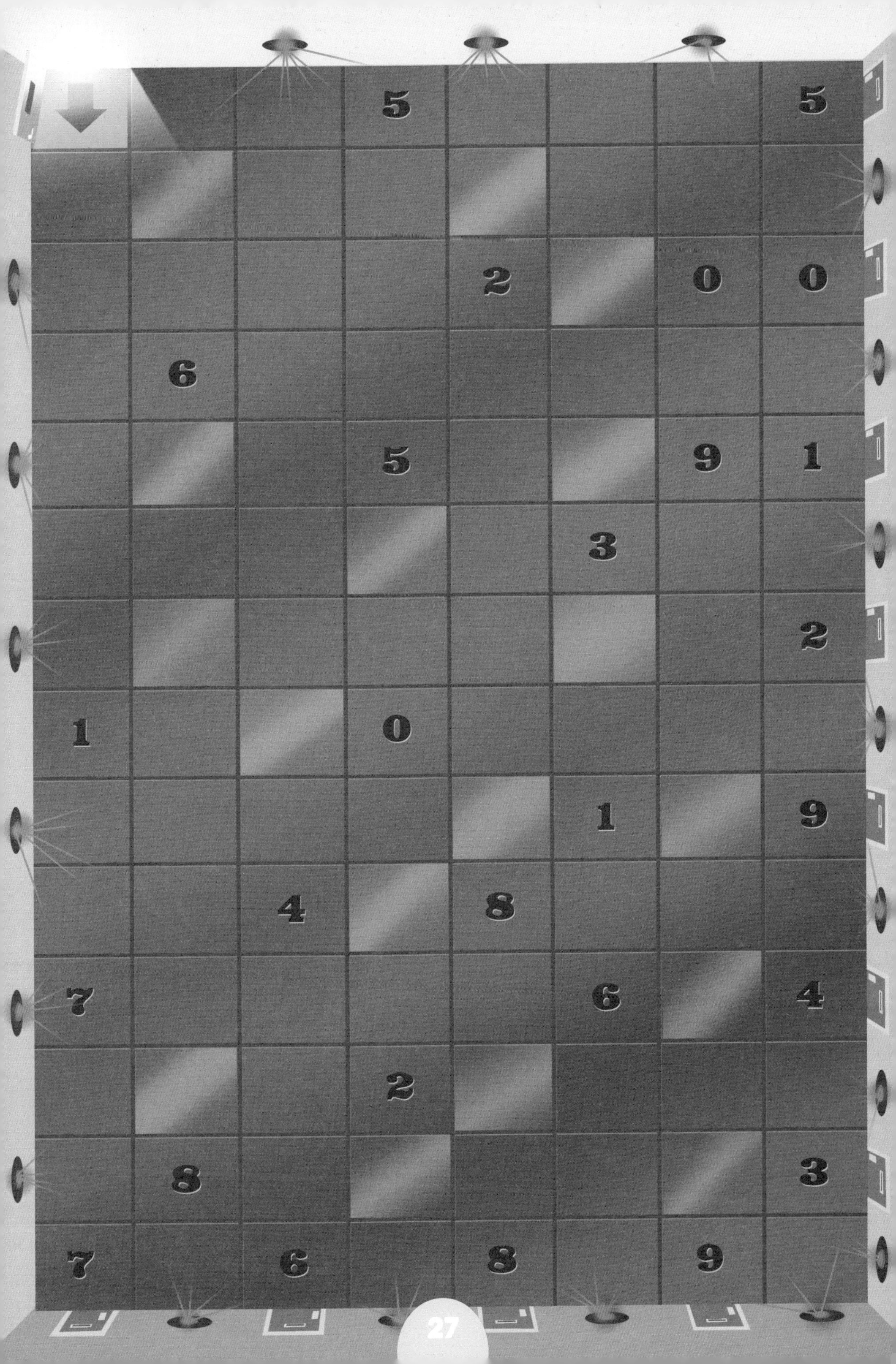
5 5
2 0 0
6
5 9 1
3
2
1 0
1 9
4 8
7 6 4
2
8 3
7 6 8 9

你終於進入了電腦病毒的房間！一台電腦放在房間的正中央，病毒感染正在進行中……當你正要完成中斷程序和清除病毒的時候，電腦突然要求你輸入密碼……快，時間緊迫！

```
4 Z Y Y T 4 W 2 5 9 ! O U C N I D @ L G Z J D H R N
4 P O 2 8 1 Z 0 N B / 6 5 T S D Q D   0 I D Z D 8 ;
O B 0 S 7 R T 1 2 D F Y O O ? Y X V 7 & V A 3 2 P F
P 4 R D R K I Y J G V 2 U R P K J F S F 9 H A 6 A I
S 4 I C R G ! 9 R E J D 3 E C M D B Z 3 7 C L 1 Y T
S E ! & J O 3 K M E F Y A T N U P 3 R 5 4 7 G H F G
Y Q G S U L 0 O Z D F ( ) 7 X I U M H V 1 G I G F 9
K I B J O B X E L R J X X E Z X : I Y 3 1 Y 6 E Z O
F L 2 O 6 3 H E S 5 C G A P A 4 J I E L 7 F I 5 X T
O V E E ; O G B W Y 4 H D 8 6 R 5 2 X N T Y I R 9 7
9 Y M 8 6 I R K M F E H 0 X S M 4 S U S C C X V W R
N H 5 E D X 2 W 6 5 F T Q O K Y Q 6 0 L ? 6 Y E 2 V
V 0 4 9 Z V 8 M P V M V S T N K F H H C G 7 R P R O
P 1 ( # L O C Z X B 7 A 5 4 7 0 Z R D F 6 W H U 2 P
V A A U A 0 I V 7 I F O Q 9 0 A B G E C M 9 1 K O X
0 Y 1 O M M P S 0 X Q A F T X 9 X D 4 U 5 W Y G S E
U Q 0 @ V 8 6 J P 9 2 I V Q Z E Q M J M 4 0 X G C V
I R ) E I X 3 D K B G G U P F Q L S ! E V 0 1 1 T Y
```

你知道嗎？

電腦病毒的名稱源自醫學詞彙，這並不是巧合：就像某些疾病在生物間傳播，電腦病毒可以在交換數據的過程中傳播，例如透過軟件、USB記憶棒、硬碟或電子郵件。在2017年5月，一種名為「WANNACRY」的電腦病毒在多個國家感染了數十萬台電腦，這甚至干擾到醫院的運作，導致一些設備停止服務。世界因而開始討論全球網絡攻擊的問題。

做得好，你修好了無人機！這是一架老舊的監視無人機。因此它非常熟悉史尼夫的藏身之處。為了答謝你，它同意告訴你通往藏有電腦病毒房間的方向：你必須通過「星星隔艙」……這是唯一正確的大門：究竟是哪一扇門呢？

通往電腦病毒的門不在白色門的正右邊，不在印有危險警告標誌的門的正左邊。它的門柄不在右側，而且沒有圓形舷窗。

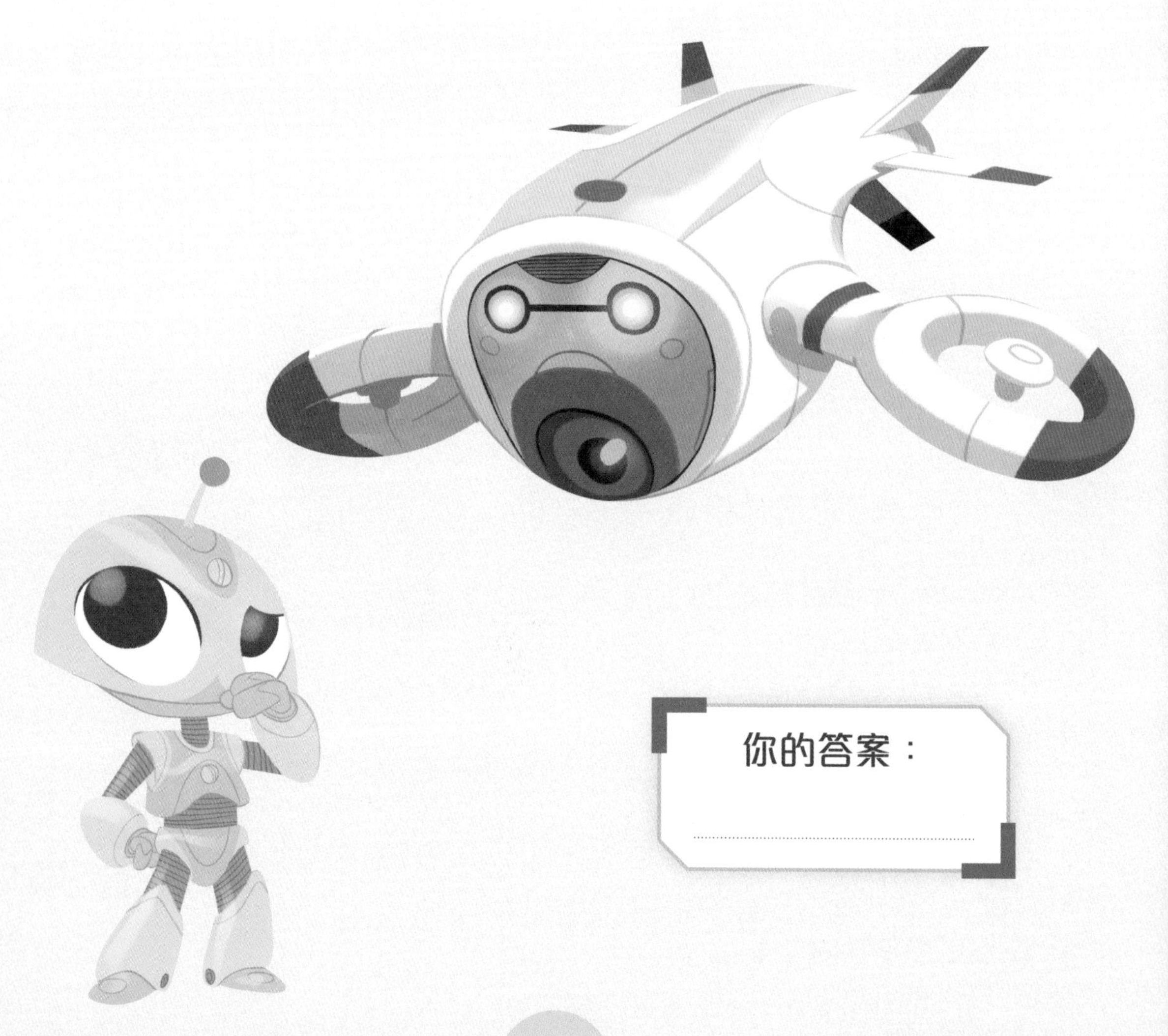

你的答案：

24
19
10
29
20
27
22
14

提示

提示內容按頁數順序排列，並不是以謎題解決的次序排列。當你未能順利解謎時，你可參閱該頁的第一項提示，再嘗試解題；如果還是不行，可參閱第二項提示，如此類推。

第8至11頁

提示1：別忘了有摺角的頁面代表你可以閱讀上一頁或下一頁！

提示2：你在第9頁看到的指紋識別器保存了最近一次的使用記錄。多多的數據庫中記錄了今天在附近上班的人們的指紋：你可以在第10至11頁看到這些指紋。其中一個指紋必然跟識別器上的指紋紀錄吻合，憑此你可以開啟大門！

提示3：多多進行了指紋分析。

第17、22和26號的指紋與識別器上的指紋較為接近。

提示4：如果你找到與識別器上的指紋吻合的答案，別再猶豫：記住答案的數字，然後翻到第44頁查看「核對答案表格」，檢查自己的答案是否正確，然後到指定的頁數繼續任務。

第12至13頁

提示1：科學家大概是按字母的順序逐個轉動旋鈕，並且以順時針方向旋轉。

提示2：旋鈕每轉動一格，會發出一下金屬碰撞的聲音：這就是多多記錄到的「叮」！根據這些錄音，你可以推斷出三位數字的密碼來開啟保險門。

提示3：當科學家轉動A旋鈕的時候，多多錄下了八次「叮」。這代表你必須以順時針方向轉動八格。因此A旋鈕必然是轉至0的刻度上！剩下的B和C旋鈕由你來處理了！

提示4：你已經找到三位數的密碼開啟保險門嗎？別忘了翻到第44頁查看「核對答案表格」，檢查自己的答案是否正確，然後到指定的頁數繼續任務。

第14至15頁

提示1：這架無人機說的是一種奇怪的語言……根本無法理解。你是否看過多多在任務開始之前給你的工具箱呢？你可以剪下第45至48頁的物品，其中一件物品肯定可以幫到你！

提示2：你是否讀過一本小冊子名為《無人機語言速成手冊 —— 在幾分鐘之內學會與無人機交流》呢？透過你感興趣的段落，讓你了解壞掉的無人機……

提示3：你是否注意到輪盤上的箭頭可用來解讀無人機的語言？為了理解壞掉的無人機，你必須遵循一個原則：無人機發出的A其實是T，發出的B是U，如此類推。換言之：A = T；B = U；C = V；D = W；E = X；F = Y；G = Z；H = A；I = B；J = C……無人機說的前幾個字應該是「I was broken.」，意思是「我壞掉了」，剩下的內容由你來解讀了！

提示4：你已經解讀到無人機的信息了嗎？它引起你對一件工具的注意。你是否留意到這件工具上刻有一個數字？請翻到第44頁查看「核對答案表格」，檢查自己的答案是否正確，然後到指定的頁數繼續任務。

第16至21頁

提示1：別忘了有摺角的頁面代表你可以閱讀上一頁或下一頁！你需要切斷一根電線，從而解鎖所有的大門。為了逃生，你需要仔細跟從緊急程序的指示。集中十條電線的處理器可以在第20頁找到。

提示2：跟從緊急程序上的指示，你可以排除其他電線，找出正確的一條。別猶豫，循序漸進地刪去錯誤的電線吧。

提示3：最後的指示是「切勿切斷黃色且長度超過8 ZIGOTRON的電線」。在執行任務前，多多給了你一個可以量度ZIGOTRON的工具。你可在第45頁剪下這個工具。

你知道ZG是ZIGOTRON的縮寫嗎？

提示4：你知道自己應該切斷哪條電線了嗎？你是否留意到它有標示號碼？請翻到第44頁查看「核對答案表格」，檢查自己的答案是否正確，然後到指定的頁數繼續任務。

第22至23頁

提示1：藍白相間的三個圓圈內暗藏玄機……想要發現當中隱藏了什麼，你只需把書放在你面前，一邊看着圓圈的內部，一邊左右搖晃頭部。在每個圓圈內，你會看到星星和數字。

提示2：你看到三組隱藏的數字和星星了嗎？星星的數量對應數字的順序：在一個星星上方的數字要放在第一位，兩個星星上方的數字放在第二位，三個星星上方的數字放在第三位。

提示3：你找到三位數的密碼了嗎？請翻到第44頁查看「核對答案表格」，檢查自己的答案是否正確，然後到指定的頁數繼續任務。

第24至25頁

該頁沒有提示。

第26至27頁

提示1：你觀察第26頁閉路電視的屏幕了嗎？它隱藏了變形的字母和數字……

提示2：你看不到屏幕上隱藏的東西？別擔心，多多看到了。

D5 R4 D1 L1 D2 R2 U2 R1 D4 R1

提示3：每個隱藏的字母代表一個方向：U代表「Up」，D代表「Down」，L代表「Left」和R代表「Right」，分別代表上、下、左、右。數字則代表方格的數量。

提示4：你現在位於房間的門口，即第27頁左上方。按照閉路電視屏幕上的指示找出離開的門：由於第一個指示為「D5」，從入口開始向下走五個方格；然後按照第二個指示「R4」，向右走四個方格，如此類推。完成所有指示後，你會碰到一扇門……

提示5：你是否注意到，在通往門口的路線上，你經過了一些附有數字的方格。依次收集它們，你可獲得三位數的號碼。別忘了翻到第44頁查看「核對答案表格」，檢查自己的答案是否正確，然後到指定的頁數繼續任務。

第28至29頁

提示1：你必須在第29頁的電腦中輸入密碼，才能阻止病毒擴散。你是否看過多多在任務開始之前給你的工具箱？你可以在第45頁剪下一些有用的物品，它們對你很有幫助！

提示2：你剪下了第45頁四個QR Code拼圖嗎？將它們正確地放在電腦屏幕上，你可解讀出一個句子！

提示3：你注意到屏幕的邊緣有不同的顏色嗎？QR Code拼圖上也有相同的顏色。依照對應的顏色，把四個QR code拼圖放在屏幕上正確的位置吧！

提示4：你是否已將四個QR Code拼圖放在對應的位置上？你是否看到屏幕上出現了一些字母？試試由左至右，從上到下閱讀字母。

提示5：你解讀出屏幕上的句子了嗎？它告訴你一個數字……請翻到第44頁查看「核對答案表格」，檢查自己的答案是否正確，然後到指定的頁數繼續任務。

第30至31頁

提示1：只有一扇門通向星星隔艙。依照無人機給予的四個指示找出這扇門！特別留意手柄的位置、舷窗的形狀和門的顏色。

提示2：依照無人機的指示後，你可以排除其他大門，找出正確的一扇！你找到正確的門了嗎？你注意到門上標有號碼嗎？請翻到第44頁查看「核對答案表格」，檢查自己的答案是否正確，然後到指定的頁數繼續任務。

答案

答案內容按頁數順序排列，並不是以謎題解決的次序排列。如果你想知道謎題的答案，你可參閱該頁的解決方法。

第8至11頁

在多多的數據庫中，只有一個指紋與指紋識別器上的紀錄吻合：答案是第26號。

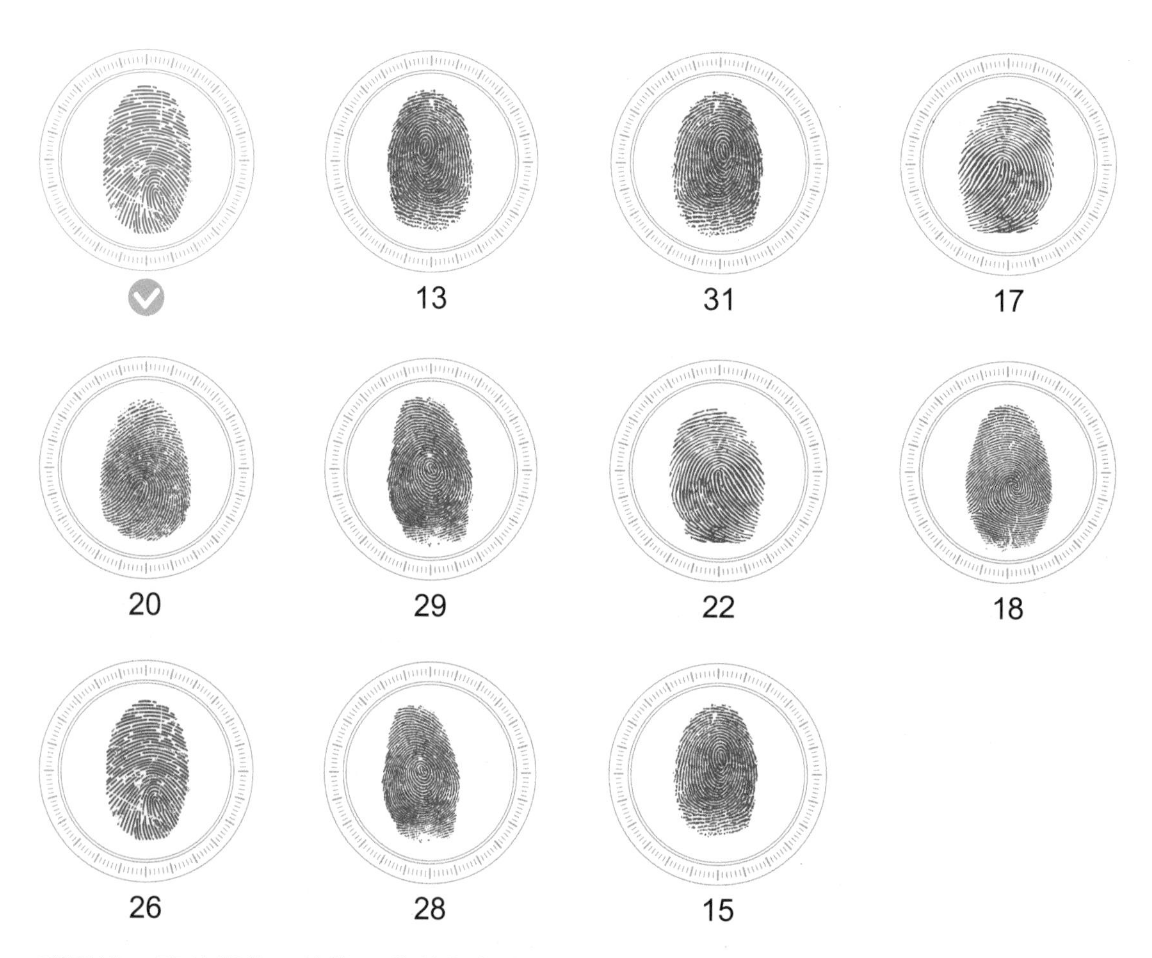

利用第26號的指紋，就能開啟科學大樓的大門。請儘快趕到第26頁，餘下的冒險等待着你呢！

第12至13頁

當科學家轉動A旋鈕的時候，多多記錄下了八次「叮」。這代表你必須以順時針方向轉動八格，把A旋鈕轉至0的刻度上。

當科學家轉動B旋鈕的時候，多多記錄下了兩次「叮」。這代表你必須以順時針方向轉動兩格，把B旋鈕轉至2的刻度上。

當科學家轉動C旋鈕的時候，多多記錄下了七次「叮」。這代表你必須以順時針方向轉動七格，把C旋鈕轉至8的刻度上。

因此打開保險門的三位數密碼是028。快到第28頁，時間緊迫！

第14至15頁

全靠你在第47頁剪下的《無人機語言速成手冊 —— 在幾分鐘之內學會與無人機交流》這本小冊子，你可以理解壞掉的無人機在說什麼了。

你看到解碼輪盤上畫的箭頭嗎？為了理解壞掉的無人機，你必須遵循一個原則：無人機發出的A其實是T，發出的B是U，如此類推。換言之： A = T； B = U ； C = V；D = W； E = X； F = Y；G = Z ；H = A ；I = B；J = C……

你可以解讀出無人機的信息是「I was broken. Snarf abandoned me. To repair me, take the fourth screwdriver from the right.」，意思是「我壞掉了，史尼夫拋棄了我。如要修復我，請取下右邊第四把螺絲批。」

你找到右邊第四把螺絲批嗎？

工具上刻了一個數字：30。一分鐘也不能耽擱，快到第30頁修理無人機！

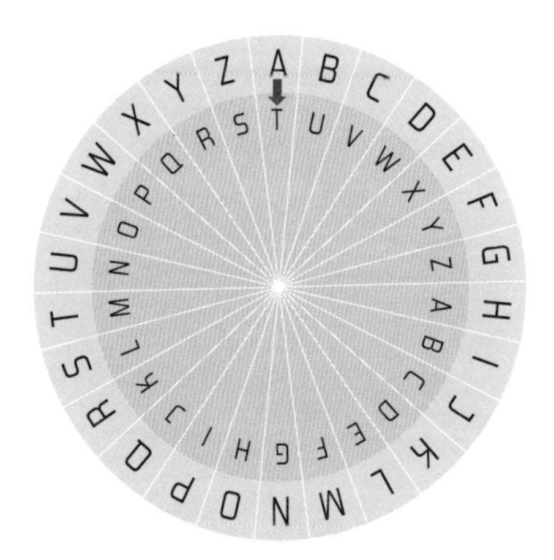

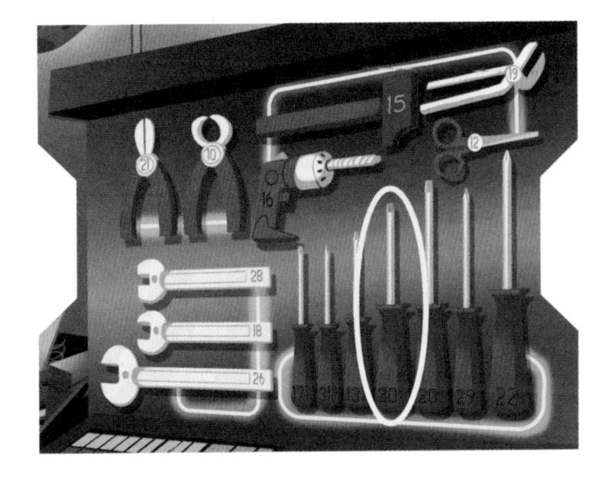

第16至21頁

你必須切斷一根電線。在第20頁中，你找到了集中十根電線的處理器。你必須依照緊急程序的第二項的指示，逐個排除錯誤的電線。

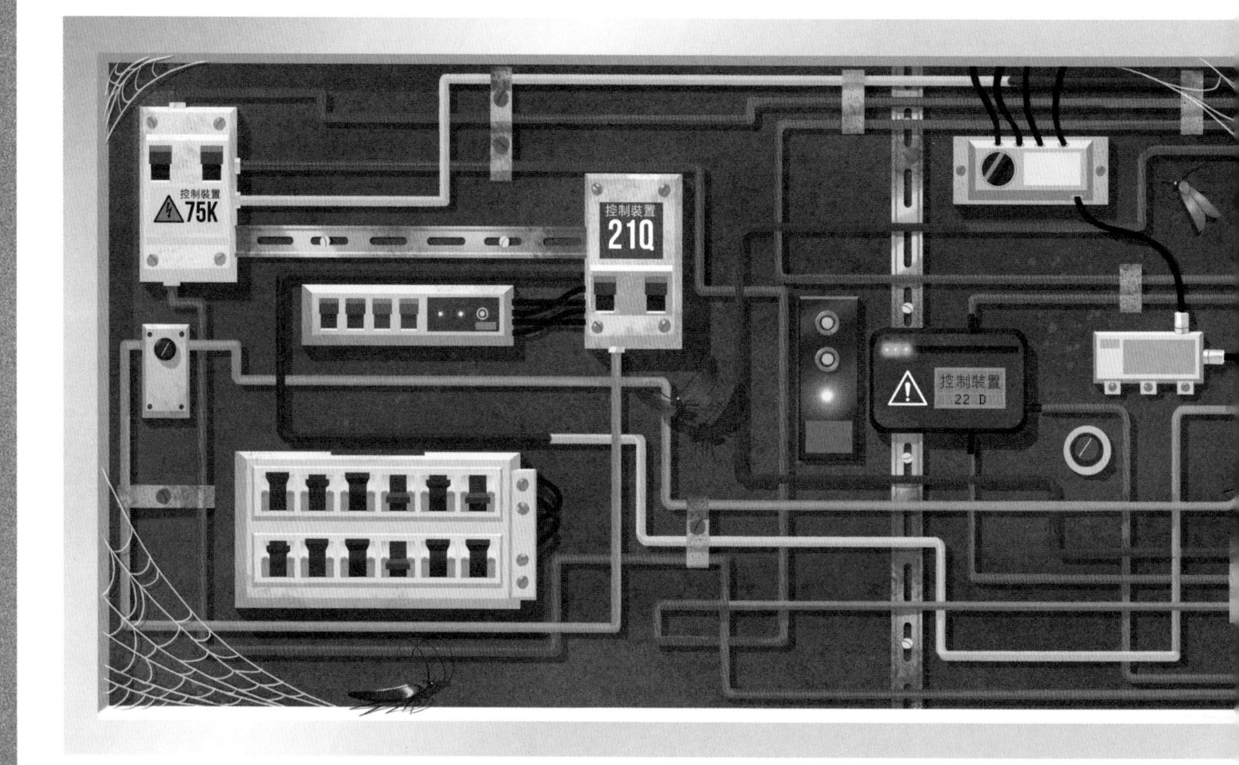

- 你可以排除電線010、011、012、013、022和027，因為這些電線連接的控制裝置編碼以字母D至K結尾。

- 你可以排除電線029，因為它由一開始的綠色變成黃色，但沒有再變成藍色。

- 你可以排除電纜012、015和031，因為這些電線是黃色的而且長度超過8 ZIGOTRON。為了量度ZIGOTRON，你需要用到多多在任務開始之前給你的捲尺！你可以在第45頁剪下來。

你剛剛排除了不可切斷的電線，剩下電線024，所以這是你可以切斷的電線。儘快到第24頁，繼續接下來的任務吧！

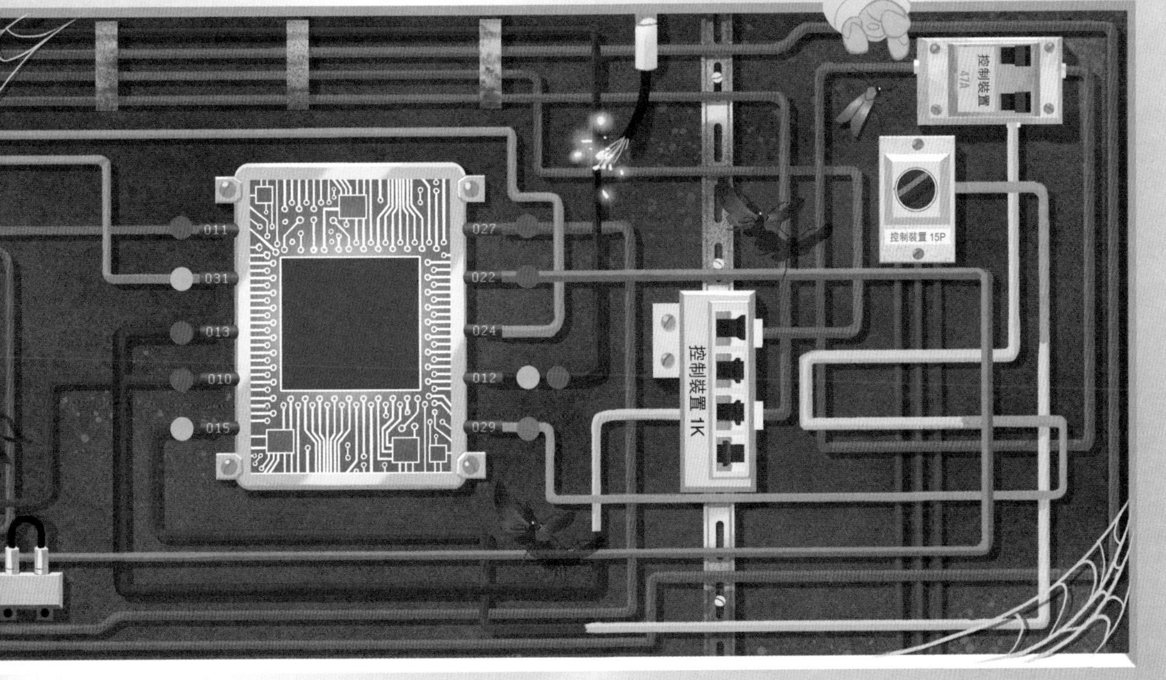

第22至23頁

把書放在你面前，一邊看着圓圈的內部，一邊左右搖晃頭部。在每個圓圈內，你會看到一個數字和幾顆星星出現。

含有一顆星星的圓圈顯示數字0，含有兩顆星星的圓圈顯示數字1，含有三顆星星的圓圈顯示數字2。

星星的數量對應數字的順序：有一顆星星的數字要放在第一位，有兩顆星星的數字放在第二位，有三顆星星的數字放在第三位。

所以打開密碼鎖需要的三位數字密碼是012！趕快到第12頁解開密碼鎖打開大門吧！

第26至27頁

閉路電視的屏幕隱藏着一系列變形的字母和數字：D5 R4 D1 L1 D2 R2 U2 R1 D4 R1。

U代表「Up」，D代表「Down」，L代表「Left」和R代表「Right」，分別代表上、下、左、右。數字則代表方格的數量。

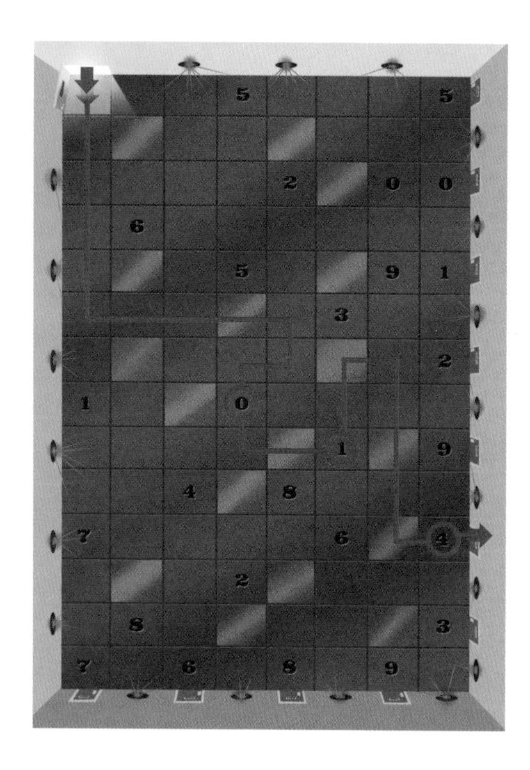

你現在位於房間的門口，即第27頁左上方。按照閉路電視屏幕上的指示找出離開的門：由於第一個指示為「D5」，從入口開始向下走五個方格；然後按照第二個指示「R4」，向右走四個方格，如此類推。完成所有指示後，你會碰到一扇門……

在通往門口的路上，你經過三個附有數字的方格：你按順序獲得0、1和4。所以你找到的數字為14。快去第14頁展開接下來的冒險吧！

第28至29頁

你必須在第29頁的電腦中輸入密碼，才能阻止病毒的擴散。為此你需要用到多多在任務開始前給你的四個QR Code拼圖！你可以在第45頁剪下QR Code拼圖。將它們正確地放在電腦屏幕上，你可解讀出一個句子。屏幕邊緣的顏色與QR Code拼圖的顏色相同，你必須利用這些顏色才能把QR Code拼圖放在正確的位置上。

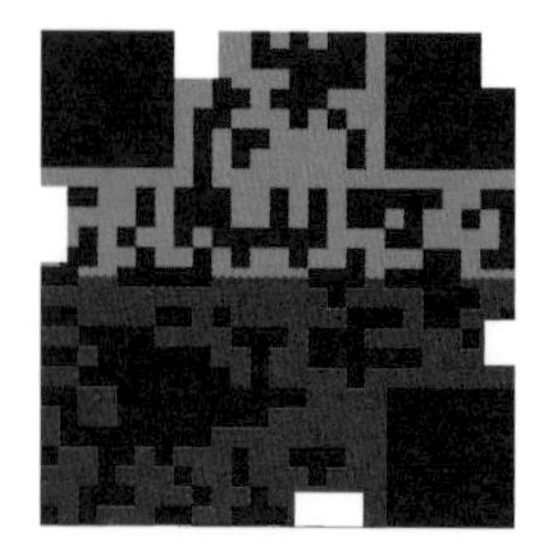

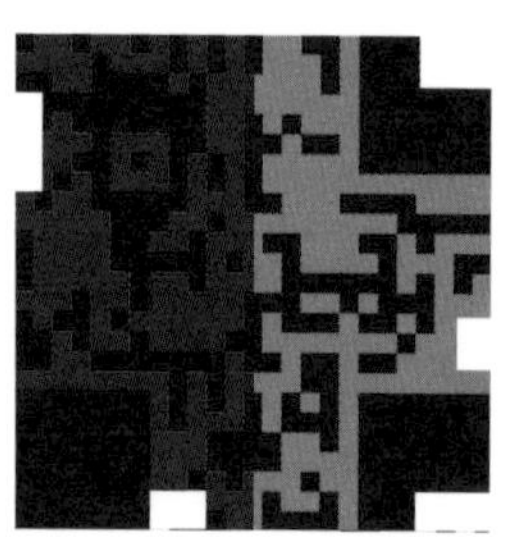

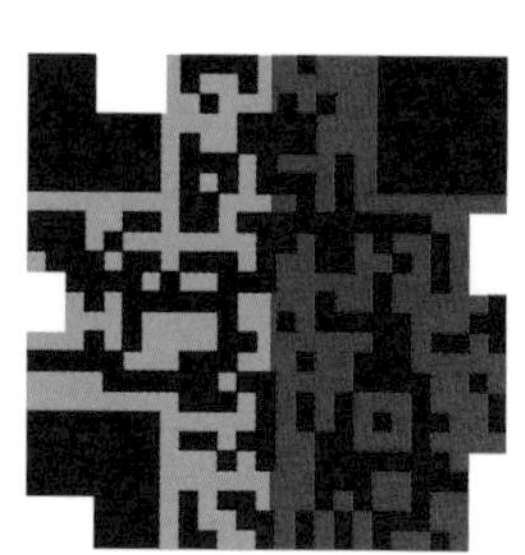

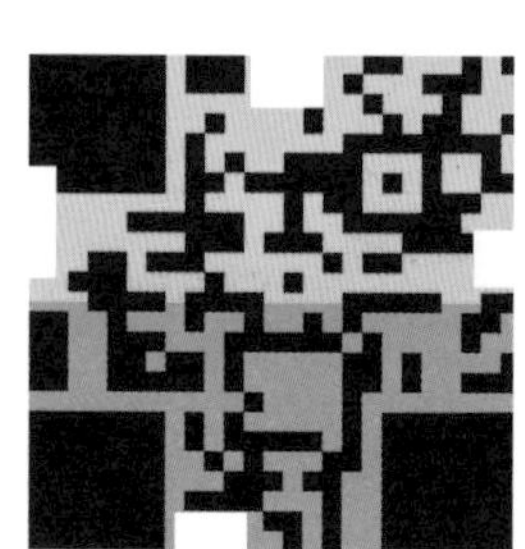

放上四個QR Code拼圖後，屏幕上出現了一些字符，由左至右，從上到下是「TURN TO PAGE SIXTEEN TO STOP VIRUS！」，意思是指「到第16頁阻止病毒」。所以迅速到第16頁展開接着的冒險吧！

第30至31頁

只有一扇門通向星星隔艙。依照無人機給予的四個指示，循序漸進地排除其他大門，你就可以找出這扇門。

- 通往電腦病毒的門不在白色門的正右邊。
- 它不在印有危險警告標誌的門的正左邊。
- 它的門柄不在右側。

它沒有圓形舷窗。

所以正確的大門是第22號，因為這是唯一沒有被排除的大門。分秒必爭，儘快趕到第22頁開啟大門。

核對答案表格

你找到謎題的正確答案了嗎？

想知道就要問機械人多多！它提供了一個可以幫你核對答案的表格。

怎麼閱讀表格？舉個例子，如果你認為第26至27頁謎題的答案是14，便找找「26-27」這一欄和「14」這一列的交叉處。如果你在交叉處找到拇指向上的圖案，代表你的答案正確，因此可以前往第14頁，繼續解答下一個謎題！

相反，如果你找到拇指向下的圖案，代表你搞錯了：因此你要快點回到第26-27頁再試一次。

謎題的頁數

下一個謎題的所在頁數	8-11	12-13	14-15	16-21	22-23	24-25	26-27	28-29	30-31
9	👎	👎	👎	👎	👎	👎	👎	👎	👎
10	👎	👎	👎	👎	👎	👎	👎	👎	👎
11	👎	👎	👎	👎	👎	👎	👎	👎	👎
12	👎	👎	👎	👎	👍	👎	👎	👎	👎
13	👎	👎	👎	👎	👎	👎	👎	👎	👎
14	👎	👎	👎	👎	👎	👎	👍	👎	👎
15	👎	👎	👎	👎	👎	👎	👎	👎	👎
16	👎	👎	👎	👎	👎	👎	👎	👍	👎
17	👎	👎	👎	👎	👎	👎	👎	👎	👎
18	👎	👎	👎	👎	👎	👎	👎	👎	👎
19	👎	👎	👎	👎	👎	👎	👎	👎	👎
20	👎	👎	👎	👎	👎	👎	👎	👎	👎
21	👎	👎	👎	👎	👎	👎	👎	👎	👎
22	👎	👎	👎	👎	👎	👎	👎	👎	👍
23	👎	👎	👎	👎	👎	👎	👎	👎	👎
24	👎	👎	👎	👍	👎	👎	👎	👎	👎
25	👎	👎	👎	👎	👎	👎	👎	👎	👎
26	👍	👎	👎	👎	👎	👎	👎	👎	👎
27	👎	👎	👎	👎	👎	👎	👎	👎	👎
28	👎	👍	👎	👎	👎	👎	👎	👎	👎
29	👎	👎	👎	👎	👎	👎	👎	👎	👎
30	👎	👎	👍	👎	👎	👎	👎	👎	👎
31	👎	👎	👎	👎	👎	👎	👎	👎	👎

機械人多多的工具箱

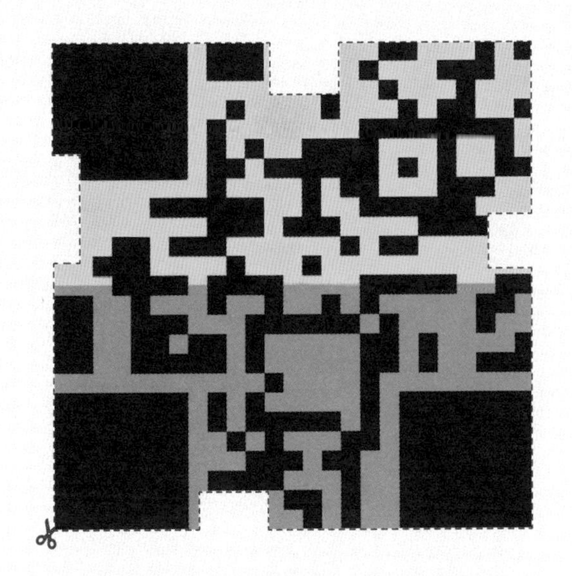

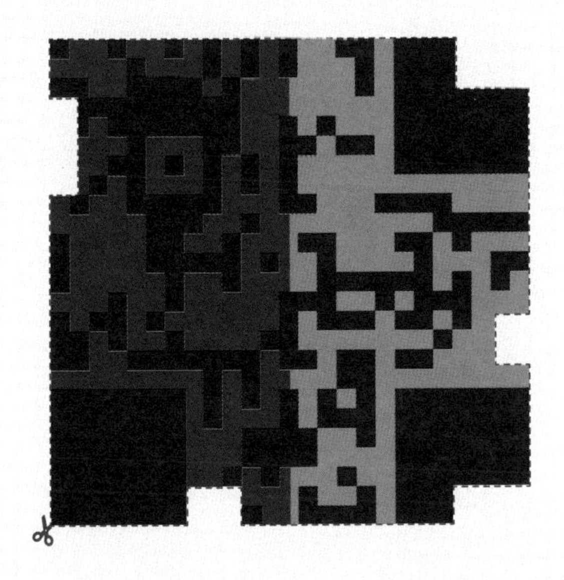

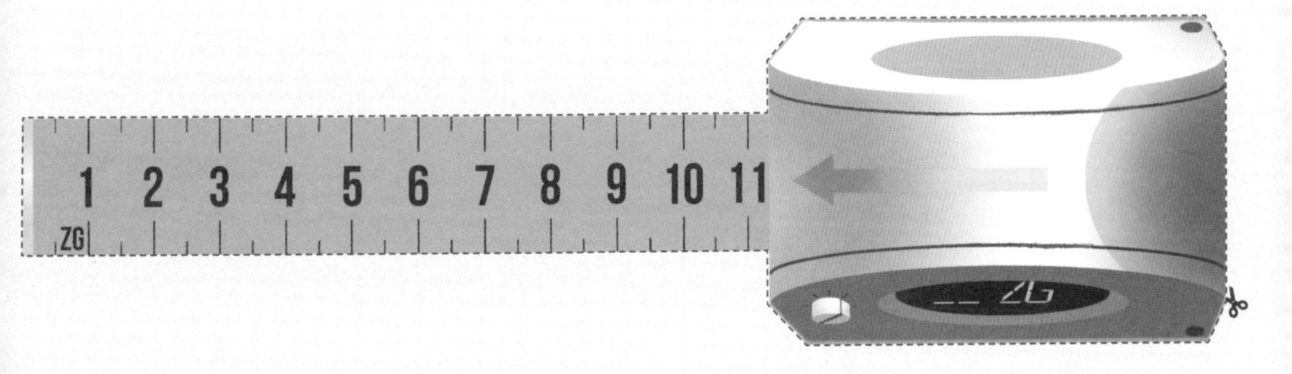

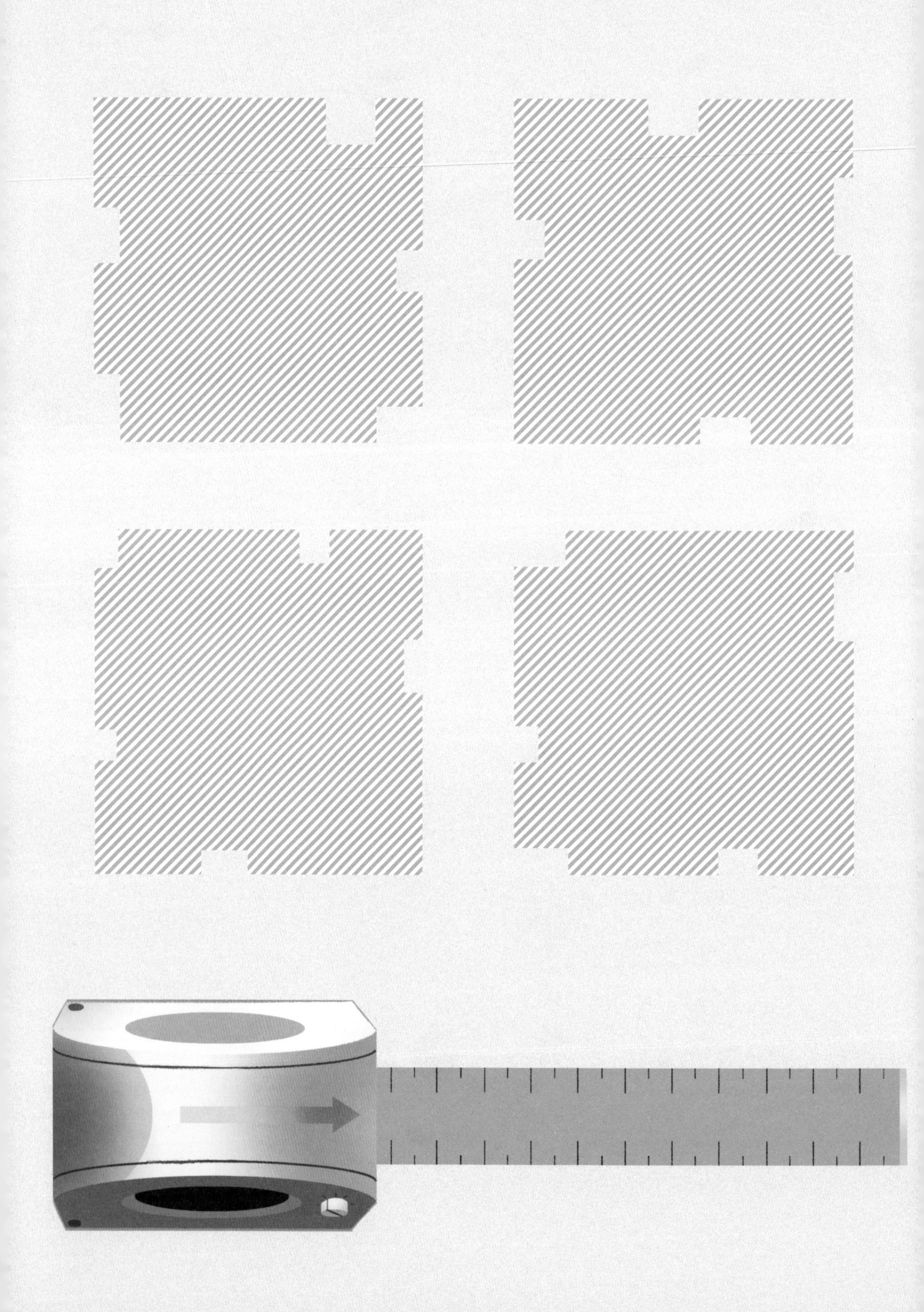

在幾分鐘之內學會與無人機交流

世界上有不同類型的無人機，
每種都有自己的語言。
請選擇正確的無人機類型。

你遇到的無人機使用摩斯密碼？

A	•–	H	••••	O	–––	V	•••–
B	–•••	I	••	P	•––•	W	•––
C	–•–•	J	•–––	Q	––•–	X	–••–
D	–••	K	–•–	R	•–•	Y	–•––
E	•	L	•–••	S	•••	Z	––••
F	••–•	M	––	T	–		
G	––•	N	–•	U	••–		

你遇到的無人機只會發出數字？

A	1000001	H	1001000	O	1001111	V	1010110
B	1000010	I	1001001	P	1010000	W	1010111
C	1000011	J	1001010	Q	1010001	X	1011000
D	1000100	K	1001011	R	1010010	Y	1011001
E	1000101	L	1001100	S	1010011	Z	1011010
F	1000110	M	1001101	T	1010100		
G	1000111	N	1001110	U	1010101		

你遇到的無人機有兩根天線嗎？

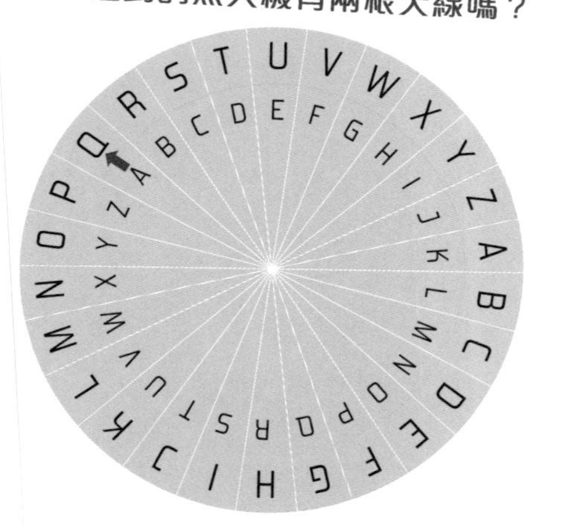

你遇到的無人機壞掉了嗎？

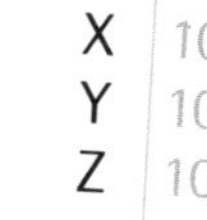

你遇到的無人機有六個螺旋槳？

A	B	C	D	E	F	G	H	I	J	K	L	M
1	2	3	4	5	6	7	8	9	10	11	12	13

N	O	P	Q	R	S	T	U	V	W	X	Y	Z
14	15	16	17	18	19	20	21	22	23	24	25	26